rainy day

leisure

用撥水&防水布

做提袋、雨具、野餐墊和日常用品

超簡單直線縫，新手1天也OK的四季防水生活雜貨

水野佳子 著

朱雀文化

什麼都能做，實用性超高

既不怕水，並且耐髒的撥水布料，
可不是只有在下雨天才能使用的喔！

和一般布料相比，這種經過加工處理的布料，
由於邊緣不易鬚邊、綻線，更能輕鬆處理結尾部分，
因此，我親自設計了這些作品分享給大家。

本書所有作品的特色在於：
發揮了布料的可能性，而且光用縫紉機的直線縫就能完成，
還有什麼比這更簡單且有趣的呢？

比如塑膠布等特殊布料，
只要更換縫紉機的壓布腳，鋪上描圖紙就能車縫了。
為了讓讀者更容易瞭解操作過程，
我利用照片輔助，加強說明製作的重點與訣竅，
希望能大大提升成功率。

最後，期望喜愛縫紉或製作雜貨的讀者們，
藉著縫製書中這些特殊布料的作品，
能感受到樂趣，並且獲得滿滿的成就感。
現在，我們開始動手做吧！

Contents

捲、捲、捲，
放進包包裡

水壺袋

替簡單俐落的束口袋設計
加上立體的袋底，
袋口的紅色抽繩是最大的亮點。

做法 → P.52
實物大紙型 1 面〔1〕

二人坐墊

利用厚尼龍牛津布做成的長條形坐墊，
2 個人坐剛剛好。
配色、風格與長椅十分契合。

做法 → P.52
實物大紙型 1 面〔2〕

透明手提袋

金銀粉點映襯在隱約可見的彩虹色上閃閃發光，
這個透明袋最適合海灘與游泳池！
袋子內還貼心地縫上超方便的口袋。

做法 → P.54
實物大紙型 1 面〔3〕

點點塑膠手提袋

大小圓點透過袋子閃閃發亮，
讓手提袋充滿趣味。
即使是用透明塑膠布做的，
但點點圖案可以遮住放在袋子裡的東西，
不會被看見喔！

做法 → P.55
實物大紙型 1 面〔4〕

手提水壺袋

因為袋口兩邊的提帶是用五爪釦固定，
所以可以掛在後背包或大包包上，
非常方便。

做法 → P.59
實物大紙型 1 面〔5〕

休閒風野餐墊與野餐籃布罩

這款用堅固、耐用的塑膠布製作的野餐墊，
可以摺起收捲，
放入以同塊布料做的收納袋中。
此外，用柔軟尼龍布做一塊符合提籃大小的布罩，
中間的拉繩還可以調整大小與形狀。

做法 → P.59（休閒風野餐墊）
　　　　P.60（野餐籃布罩）
休閒風野餐墊／實物大紙型 1 面〔6〕

一人坐墊

（反面）

一人坐墊與圓底水壺袋

以相同印花布製作的成套坐墊與水壺袋。
坐墊的反面添加一片菱格紋尼龍布，
雙層布的穩固設計，
即使在凹凸不平的郊外也不用擔心。
水壺袋的底部同樣加上菱格紋尼龍布，
讓這個袋子更加耐用、穩固。

做法 → P.53（一人坐墊）
　　　　 P.61（圓底水壺袋）
一人坐墊／實物大紙型 1 面〔2〕
圓底水壺袋／實物大紙型 1 面〔7〕

籐籃布罩

這個設計是把 P.10 野餐籃布罩的
拉繩稍微變化一下位置，
專門用來遮蓋籃子或包包的大開口。

做法 → P.60

內袋可替換透明袋

搭配不同顏色的內袋來變換不同的氛圍。
透明的外袋，
更能讓你發揮各種創意。

做法 → P.42
實物大紙型 1 面〔8〕

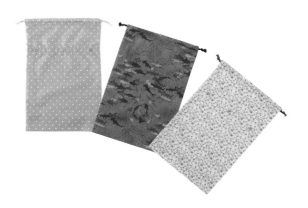

後背包

將格紋貼合布斜裁後做成的後背包。
特別加裝了提把，
所以也能當作提袋使用。

做法 → P.64
實物大紙型 1 面〔9〕

Chapter 02

雨中景色……
rainy day

長傘傘套

在雨天的電車上或購物商場中，
將自己最心愛、濕答答的雨傘，
裝入套口繫有綁帶的傘套中吧！

做法 → P.62
實物大紙型 1 面〔11〕

可掛式摺傘傘套

把濕答答、邊走路邊手拿很麻煩的摺傘，
放入專屬的傘套中，馬上解決你的難題。

做法 → P.68
實物大紙型 1 面〔12〕

手提式摺傘傘套

抽繩摺傘傘套

手提式與抽繩摺傘傘套

在束口袋的袋口安裝提把或拉繩的設計，
既符合雨傘的尺寸，而且堅固美觀。

做法 → P.68、69
手提式摺傘傘套／實物大紙型 1 面〔13〕
抽繩摺傘傘套／實物大紙型 1 面〔14〕

連帽防雨斗篷

輕薄且柔軟的尼龍布，
是製作這件斗篷的最佳布料。
可以用圓孔擋珠調整繩帶的鬆緊，設計非常實用。

做法 → P.63
實物大紙型 2 面〔15〕

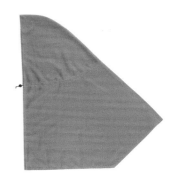

休閒風漁夫帽

這一頂尼龍帽因為體積小、不佔空間，
攜帶收納都很方便；
加上耐髒污，在微微小雨時絕對能派上用場。

做法 → P.50
實物大紙型 2 面〔16〕

雨帽

雖然和左頁的休閒風漁夫帽相同版型，
但改用點點亮面貼合布製作，
儼然散發出完全不同的時尚氛圍。

做法 → P.47
實物大紙型 2 面〔16〕

印花拉鍊手提包

這是 P.16 後背包的無背帶款應用。
千萬別小看這個手提包，
拉開拉鍊，你絕對會訝異於它的超大容量。

做法 → P.66
實物大紙型 1 面〔10〕

蔬菜圖案隨身購物袋

袋口和提手都是以斜布條包邊收尾，
堅固又美觀。
搭配可摺疊式收納袋，真是完美的組合！

做法 → P.57
實物大紙型 2 面〔17〕

花朵圖案隨身購物袋

這款購物袋比左頁的蔬菜圖案隨身購物袋，
尺寸更大且堅固。
也有搭配可摺疊式收納袋，讓你不管走到哪裡都能帶到哪裡。

做法 → P.56
實物大紙型 2 面〔18〕

無敵萬用小袋

透明塑膠布與兩面皆可使用的貼合布的搭配，
讓人眼睛一亮。
縫上拉鍊、透明材質方便看清內容物，
是很值得推薦的實用小袋。

做法 → P.67

文件收納袋

透過正面半透明材質的布料，
依稀可見反面尼龍布上的
可愛圖案。
放得下 A4 尺寸的物品，
而且還有拉鍊，
是必備的基本款收納袋。

做法 → P.67

可攜帶室內拖鞋

這是活用亮面貼合布做成的室內拖鞋，
鞋底夾入柔軟且不易變形的襯棉，
邊緣則以尼龍斜布條包邊。
輕巧方便、好攜帶！

做法 → P.70
實物大紙型 2 面〔19〕

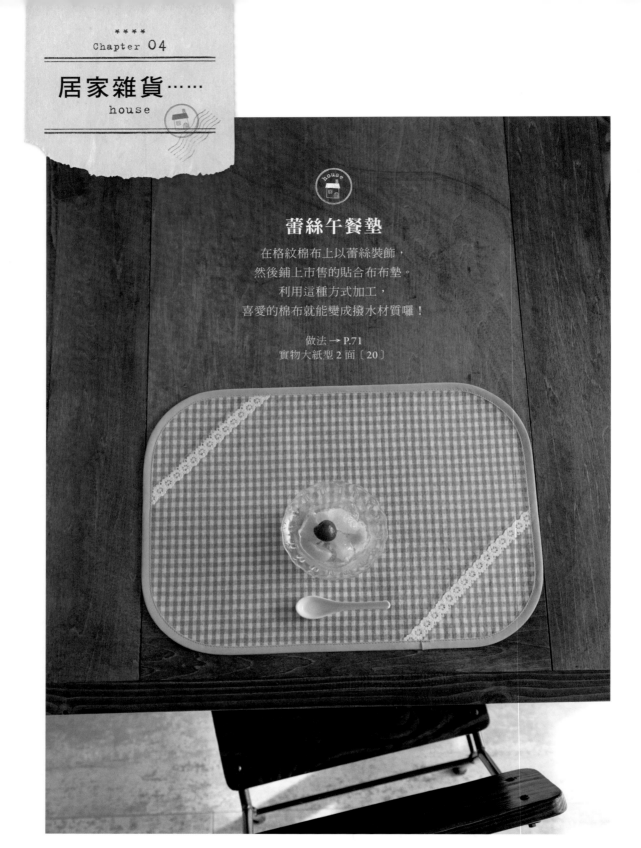

****
Chapter 04

居家雜貨……
house

蕾絲午餐墊

在格紋棉布上以蕾絲裝飾，
然後鋪上市售的貼合布布墊。
利用這種方式加工，
喜愛的棉布就能變成撥水材質囉！

做法 → P.71
實物大紙型 2 面〔20〕

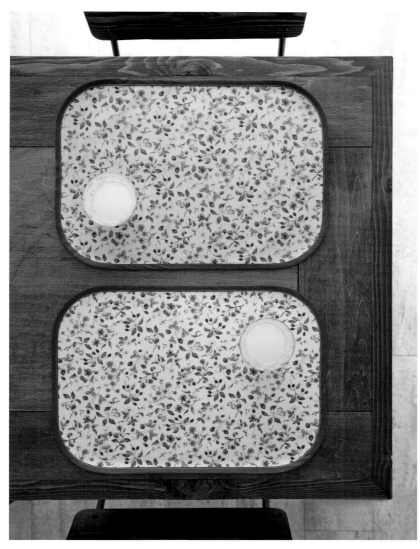

水果與小花圖案午餐墊

建議使用稍微堅固的貼合布製作。
變化包邊布條的顏色，
可以使成品呈現不同的風格。

做法 → P.71
實物大紙型 2 面〔21〕

圍裙

貼合布材質的圍裙，
最適合用在刷洗或園藝工作中。
繩帶的顏色是圍裙的設計重點。

做法 → P.72
實物大紙型 2 面〔22〕

袖套

這款袖套的長度可以延伸到手肘，
而且在中間縫入一條鬆緊帶的設計，
戴上它，工作時更方便。

做法 → P.73
實物大紙型 2 面〔23〕

撥水材質布料
撥水＝彈開水珠

◉ 撥水加工

是指在布料表面塗佈矽氧樹脂或氟碳樹脂，可以使圓珠狀水滴碰到布面時彈開、滾落，讓布料更耐髒、更堅固。而尼龍布具有不加工也能彈開水滴的特性，但因為仍有微細的孔洞，所以不管是否做撥水加工，水還是會滲透。

◉ 防水加工

大部分都是在布料的背面塗佈膠類，不僅能夠彈開水滴，更能完全抵擋水分穿透。由於不透氣，如果拿來製作衣物類，建議在不易接觸到雨或水的地方，利用雞眼釦打個洞透氣。

◉ 貼合加工

是指在布料表面以薄膜貼合加工而成，可提高防水、防寒功能，並讓布料更堅固。目前分成霧面貼合布、亮面貼合布兩種，其中霧面貼合布的表面較不平滑。另外，市面也有販售可以讓人自己加工的貼膜。

下雨天
我們撐的尼龍傘內側之所以會潮濕，是因為布料只經過撥水加工，並非防水加工。

撥水加工尼龍布或貼合加工布
布料經過加工之後就無法整理布紋，所以若布料的圖案（經緯線）歪斜的厲害，建議你改變布紋後再剪裁。像是格子布可以斜裁，用來裝飾其他作品也不錯。此外，特別是以防水膜加工的貼合布料，即使沒有注意到布紋，完成的作品也不會變形喔！

尼龍材質 有各種顏色、圖案和風格的布可供挑選

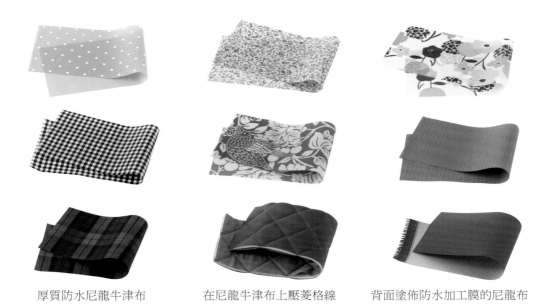

厚質防水尼龍牛津布　　在尼龍牛津布上壓菱格線　　背面塗佈防水加工膜的尼龍布

貼合加工材質

亮面
貼合布

霧面
貼合布

塑膠材質

絕對防水，能有效隔絕雨水且防沾污，但是不
透氣。操作時如果留下太多針趾（縫線孔），
水滴會由此處滲入，必須特別留意。此外，塑
膠材質在低溫下容易變硬，所以盡可能在溫暖
的室內、溫暖的季節使用。

準備以下這些工具，
塑膠布、貼合布更容易操作！

輕鬆縫製、固定、壓摺的工具

塑膠壓布腳
塑膠材質製成，可以平滑推動，順利送布，特別是在縫紉塑膠布、貼合布的表面，以及合成皮的時候。

縫紉用助滑劑
可以讓縫紉更順暢，並且防止針趾漏針、斷線的噴膠式助滑劑。

疏縫固定夾
可以代替珠針，用來固定布料、防止磨損布料。

皮革用滾輪
大多在無法熨燙的材質上壓出摺痕時使用，一邊按壓滾輪一邊旋轉，壓出摺線。

有助於減少針腳，以免水滴滲入的打洞、固定工具

雞眼釦
輔助在布料等打孔洞的工具，也有販售專門打大孔的雞眼釦。此外，根據要穿過的穿繩粗細，雞眼釦還有不同尺寸可供選擇。

固定釦
固定釦是由頭（公釦）、足（母釦）一對組成，通常是固定在布或皮革上，也可以取代回針縫用在口袋袋口的補強。

橡膠板和座台
安裝五爪釦、四合釦、固定釦等時，可將頭（公釦）放在座台（右圖）上操作，防止釦子壓壞。除了座台之外，安裝雞眼釦時會使用到橡膠板（左圖）。

五爪釦、四合釦
不需要縫固定，是利用金屬彈簧結構，一個動作就可以輕鬆分離（打開）的釦子。

木槌
捶打釦子時用的木製工具。

塑膠布的裁剪和做記號

塑膠布做記號時，複寫紙、粉土筆無法派上用場，
一般是利用油性麥克筆、原子筆或錐子來描畫紙型。

  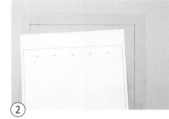

① 將按照實物大（原吋）紙型描好的紙型放在塑膠布上，以油性麥克筆、原子筆開始描畫。

② 描好如上圖。

③ 用剪刀從線的內側裁剪。

④ 要描畫完成線時，再次放上紙型，以滾輪壓出記號。

⑤ 用錐子將五爪釦、四合釦等的位置也做好記號。

⑥ 用油性麥克筆在剛才做好的記號上描畫，使更清楚易辨識。

⑦ 裁剪塑膠布，描好的記號如上圖。

合印記號

從布邊緣剪入 0.3～0.4 公分，即可當作合印（對齊）記號。

包邊

處理布邊的方法

使用織帶的情況

(P.6)

(P.10) 休閒風野餐墊

(P.12) 一人坐墊

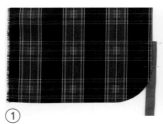

① 將織帶的中央對準布邊放好，然後用珠針固定。

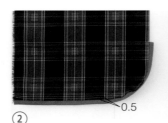

0.5

② 將織帶沿著布邊，在距離布邊0.5公分處車縫。

③ 持續車縫到「車縫起點」，並重疊1公分，剪掉織帶。

④ 將織帶往正面摺入，包住布邊，然後在邊緣處車縫好。

⑤ 用防綻線膠水塗抹「車縫終點」處、織帶邊緣避免綻線。

從反面看是這樣

防綻線膠水

使用斜布條的情況

(P.28)　　　　　(P.30)　　　(P.31)　　(P.33)　(P.34)
圍裙

① 將斜布條的上端邊緣反摺約 1 公分，然後與布邊正面對正面，用珠針固定。

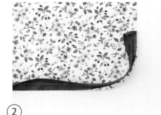

② 沿著布邊，在斜布條外側距離邊緣 0.1 公分處車縫。

③ 持續車縫到「車縫起點」，並重疊 1 公分，剪掉斜布條。

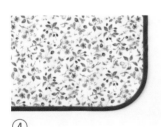

④ 將斜布條包住布邊般摺到布料反面，沿著邊緣車縫一圈。

從反面看
是這樣

一起製作內袋可替換透明袋吧！

成品圖見P.15

實物大紙型 1 面〔8〕
〈1-外袋身、2-內袋身〉

完成尺寸

約橫 24×高 31×底 10 公分（外袋）

材料

- 塑膠布（0.3 公釐）：80×30 公分
- 尼龍布：100×30 公分
- 提把（0.8 公分寬）：80 公分（40 公分 2 條）
- 袋口用抽繩（直徑 0.5 公分）：130 公分（65 公分 2 條）
- 織帶（2 公分寬）：60 公分
- 五爪釦 6 組、0.6 公釐雞眼釦 4 組
- 描圖紙

排版方式

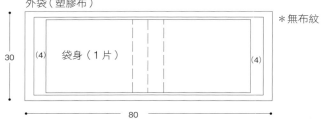
外袋（塑膠布）
＊無布紋
30
(4) 袋身（1片）(4)
80

內袋（尼龍布）
30
(3) 袋身（1片）(3)
100

＊（）內的數字是指縫份，如無明確標示，則縫份皆為 1 公分。

---

1 裁好布片、備齊材料

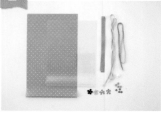

裁好 1 片外袋身片、1 片內袋身片。

2 製作外袋

① 將塑膠布對摺，袋底部分往上摺，兩側邊用疏縫固定夾固定好。

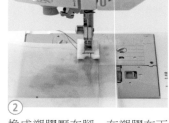

② 換成塑膠壓布腳，在塑膠布下面墊一張描圖紙，車縫兩側邊。

Point 疏縫固定夾會在布料上留下痕跡，所以最好夾在縫份內。

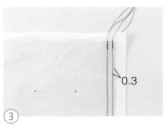

0.3

③ 車縫好完成線後，在縫份線的邊緣再車縫 1 條線。

④ 盡量不要破壞縫線，輕輕地撕下描圖紙。2 條縫線間的描圖紙也要清除乾淨。

反面

袋口車縫完成！

⑤ 兩側邊車縫好的樣子。

⑥ 以滾輪將袋口壓摺平。

⑦ 墊上一張描圖紙，從正面車縫袋口。相較於普通布料，塑膠布比較難車縫，建議一點一點慢慢車縫。

Point
從塑膠布的正面車縫，成品的針趾會比較漂亮、整齊。

翻回正面的樣子

⑧ 先抓好袋角往內推，另一隻手深入袋中慢慢拉出袋角，另一邊也以同樣方式拉好，然後將袋子翻回正面。

（安裝五爪釦）

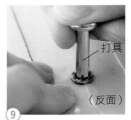

公釦
面釦
母釦在內側
（正面）

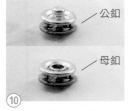

公釦
母釦

橡膠板

⑨ 確定安裝的位置，將面釦的尖爪從布的正面穿入，以打具下壓尖爪旁，讓尖爪在布的反面凸出。

⑩ 將公釦或母釦套在尖爪上。

⑪ 墊好橡膠板，放上打具，用木槌往下敲打即可。

（安裝雞眼釦）

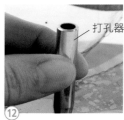

打孔器

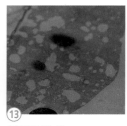

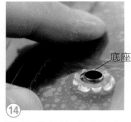

底座

釘具
裡片

⑫ 墊好橡膠板，以打孔器打好要安裝的記號處。

⑬ 打好的孔位。

⑭ 將雞眼表片（面釦）套入布的正面，翻到布的反面，放在底座上（表片也套入）。

⑮ 套上雞眼裡片（墊片），放上打具，用木槌往下敲打即可。

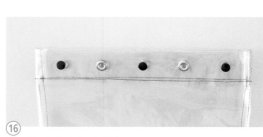

⑯ 五爪釦和雞眼釦安裝好了。

⑰ 穿入提把後打結。

★ 利用外袋袋口的五爪釦，可以將透明袋關上。

外袋完成囉！

3 製作內袋

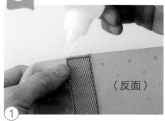

① 將織帶和內袋身反面重疊後車縫，在織帶邊緣塗抹些許防綻線膠水。

（反面）

② 織帶車縫完成。

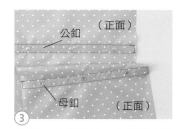

③ 參照 P.44 的做法，在織帶上安裝五爪釦。＊尖爪在織帶面。

公釦 （正面）
母釦 （正面）

④ 將布對摺，正面對正面，袋底部分往上摺，兩側邊車縫到車縫止點。

車縫尼龍布用普通壓布腳，而且不用墊描圖紙即可操作。

Point
如果縫份是 1 公分，可以在距離縫針外側 1 公分處貼上紙膠帶車縫。

車縫止點

⑤ 兩側邊都車縫完成。

0.7

⑥ 將車縫止點上方的縫份撥開（平縫份），在抽繩口車好縫線（U 字型）。

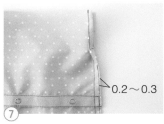

0.2～0.3

⑦ 將車縫止點以下的 2 片縫份重疊，再車一條縫線。

⑧ 翻回正面，以手指壓摺袋側並且整型。如果想要熨燙，必須使用低溫。

⑨ 翻回正面的樣子。

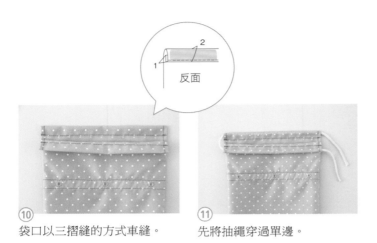

反面

⑩ 袋口以三摺縫的方式車縫。

⑪ 先將抽繩穿過單邊。

⑫ 另一條抽繩穿過相反邊。

⑬ 分別將 2 條抽繩綁好。

內袋完成囉!

將外袋和內袋
以五爪釦固定好,
大功告成囉!

★ 依個人的喜好,
內袋布可選用
棉、麻等材質。

一起製作雨帽吧！

實物大紙型 2 面〔16〕
〈1-帽頂、2-前帽圍、3-後帽圍、4-帽緣、5-帽圍帶〉

成品圖見P.25

完成尺寸

頭圍 M＝58 公分，L＝60 公分，LL＝62 公分

材料

- 貼合布：110×40 公分（M），110×55 公分（L・LL）
- 帽緣緞帶或織帶（2.5 公分寬）：60 公分（M），62 公分（L），64 公分（LL）
- 斜布條（12.7 公釐）：60 公分（兩褶）
- 描圖紙

排版方式

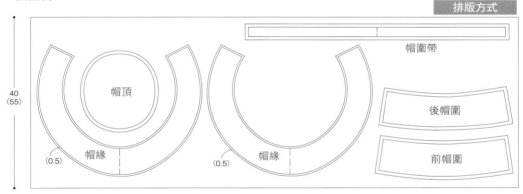

40
〈55〉

帽頂

帽緣
(0.5)

帽緣
(0.5)

帽圍帶

後帽圍

前帽圍

110

＊（ ）內的數字是指縫份，如無明確標示，則縫份皆為 1 公分。
＊〈 〉內為 L、LL 尺寸。

1 裁好布片、備齊材料

裁好前、後頭圍各 1 片、帽圍帶 1 片、帽緣 2 片和帽頂 1 片。

從布邊緣剪入 0.3～0.4 公分，即可當作合印（對齊）記號。

2 車縫各部位

0.5

① 將每片帽緣都對摺，正面對正面，車縫邊緣使成為一個圓圈。

② 將 2 片帽緣的縫份倒向同一邊（倒縫份），換成塑膠壓布腳，從布正面車縫。

③ 將處理好的 2 片帽緣正面對正面，對齊後車縫邊緣。

④ 翻回正面，以手指調整邊緣的形狀。如果要熨燙，必須墊一塊布，以中溫操作。

0.5

⑤ 參照 P.42 在布料下方墊一張描圖紙，車縫好。

⑥ 將帽圍帶對摺，正面對正面，車縫邊緣使成為一個圓圈。

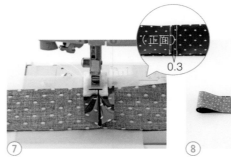

〈正面〉

0.3

⑦ 將縫份撥開，車縫。

⑧ 車縫完成的樣子。

⑨ 前、後頭圍正面對正面，車縫兩側邊。

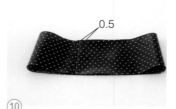

0.5

⑩ 將縫份倒向前側，從正面車縫。

3 接縫帽圍和帽圍帶

① 將帽圍和帽圍帶正面對正面，車縫。

後中心

② 將縫份倒向帽圍帶。

0.5

③ 從布正面車縫。

---

4 接縫帽圍和帽頂

① 對齊帽圍和帽頂的合印記號，以珠針固定。

Point

珠針要固定在縫份內。

② 在帽圍的縫份處剪入小牙口，然後插入珠針固定。小牙口不要剪過大，大約縫份寬度的 1/2。

③ 以珠針完全固定好的樣子。

④ 縫合帽圍和帽頂成為帽身。

⑤ 以斜布條包住縫份，以錐子輔助輕輕送布，完成包邊。

1～
1.5

⑥ 最後大約重疊車縫 1 公分，然後斜車縫一小段後剪掉，把這一小段摺入包邊處縫好。

⑦
用斜布條包邊處理好縫份囉！

5 接縫帽身和帽緣

①
將帽身和帽緣正面對正面，對齊合印記號，以疏縫固定夾固定。在帽緣的縫份處每隔1公分剪小牙口，然後用超小固定夾固定。

②
縫合帽身和帽緣。

1 1

③
將帽緣緞帶兩端車縫，使成為一個圓圈，將縫份撥開。

0.1～0.2

④
將帽緣緞帶邊緣重疊縫線，車縫邊緣。

⑤
將縫份和帽緣緞帶倒向帽身，從布正面車縫帽圍帶（距離縫線0.5公分）。

Point
如果帽緣黏在針板上，尚未縫到的地方立刻墊一張描圖紙車縫。

⑥
車縫完成，翻回正面即可。

大功告成囉！

【休閒風漁夫帽】

成品圖見P.24

材料
- 尼龍布：110×40公分（M），110×55公分（L・LL）
- 帽緣緞帶或織帶（2.5公分寬）：60公分（M），62公分（L），64公分（LL）
- 斜布條（12.7公釐）：60公分（兩褶）

做法和雨帽相同

步驟圖解教學
How to make

---

* 實物大紙型中未包含縫份，製作前可參照做法頁中的
  「排版方式」，加上縫份。

* 實物大紙型中未包含直線的部分（紙型），可參照做
  法頁中「排版方式」的標記，加上縫份後裁剪使用。

* 如果沒有特別說明，則是以公分為單位。

* 這裡使用的縫針和縫線與一般車縫布料一樣，只要依
  據布料的厚薄選擇即可。

* 為了避免綻線，車縫起點和車縫止點須再回針固定。

二人坐墊

成品圖見P.6

實物大紙型 1 面〔2〕
〈1-彎弧〉

材料

- 尼龍牛津布：100×40 公分
- 織帶（2 公分寬）：280 公分
- 雞眼釦：4 組

排版方式

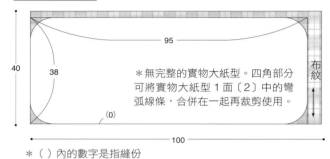

95

40

38

＊無完整的實物大紙型。四角部分
可將實物大紙型 1 面〔2〕中的彎
弧線條，合併在一起再裁剪使用。

布紋

(0)

100

＊（ ）內的數字是指縫份

做法

1. 參照P.40，以織帶在布邊做好包邊處理。
2. 參照P.44，安裝雞眼釦。

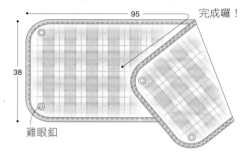

95

完成囉！

38

雞眼釦

水壺袋

成品圖見P.6

實物大紙型 1 面〔1〕
〈1-袋身〉

材料

- 尼龍布：70×20 公分
- 繩子（直徑 0.5 公分）：40 公分 2 條

排版方式

★如果圖案有方向，方向須一致。

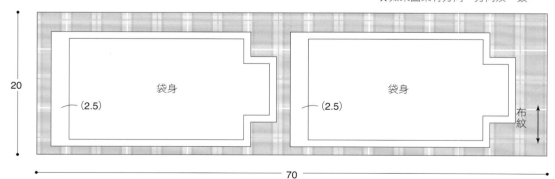

20

袋身

(2.5)

袋身

(2.5)

布紋

70

＊（ ）內的數字是指縫份，如無明確標示，則縫份皆為 1 公分。
＊做法見 P.53

做法 1. 將2片袋身布正面對正面，車縫底部，將縫份倒向同一邊（倒縫份），再從布正面車縫。

2. 再將袋身布正面對正面，車縫兩側邊。

3. 在抽繩口車好縫線（U字型）。

4. 將車縫止點以下的2片縫份重疊，再車一條縫線。

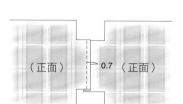

（正面）　0.7　（正面）

車縫止點

（反面）

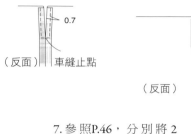

0.7

（反面）　車縫止點

（反面）　0.3

7. 參照P.46，分別將2條抽繩穿入抽繩口，綁好。

完成囉！

5. 車縫好袋底（抓底），翻回正面。

側邊

（反面）　袋底

0.3

6. 袋口以三摺縫的方式車縫。

1　1.5
0.2
（反面）

24

7

7

一人坐墊

成品圖見P.12

實物大紙型 1 面〔2〕
〈1-彎弧〉

材料
- 表布：尼龍布 50×40 公分
- 裡布：菱格紋尼龍牛津布 50×40 公分
- 織帶（2 公分寬）：180 公分

排版方式

＊（）內的數字是指縫份

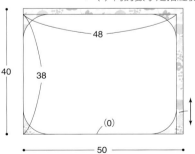

48

40

38

(0)

布紋

50

＊無完整的實物大紙型。四角部分可將實物大紙型 1 面〔2〕中的彎弧線條，合併在一起再裁剪使用。
★布料幅寬 100 ～ 120 公分的話，可以做 2 片。

做法 1. 將表布和裡布反面對反面，車縫邊緣。
2. 參照P.40，以織帶在布邊做好包邊處理。

裡布（反面）

（反面）

表布（正面）

0.3 左右　　布邊車縫一圈

完成囉！

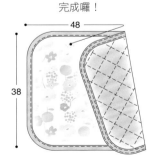

48

38

透明手提袋

成品圖見P.8

實物大紙型 1 面〔3〕
〈1-袋身、2-內口袋A、
3-內口袋B〉

材料
● 塑膠布：110×30 公分
● 斜布條（12.7 公釐）：250 公分（兩摺）
● 雞眼釦：4 組
● 繩子（直徑 0.7 公分）：50 公分 2 條

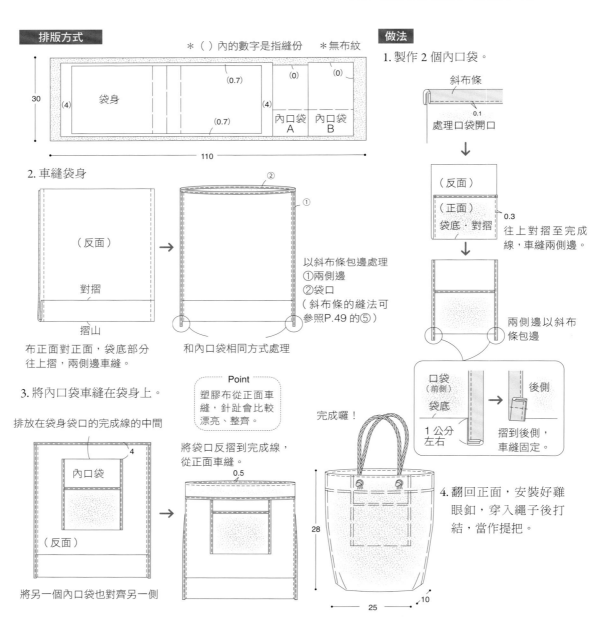

排版方式

＊（ ）內的數字是指縫份　＊無布紋

30　(4)　袋身　(0.7)　(0.7)　(4)　(0)　(0)　內口袋A　內口袋B

110

2. 車縫袋身

（反面）　對摺　摺山

→　②　①

布正面對正面，袋底部分往上摺，兩側邊車縫。

以斜布條包邊處理
①兩側邊
②袋口
（斜布條的縫法可參照P.49 的⑤）

和內口袋相同方式處理

3. 將內口袋車縫在袋身上。

排放在袋身袋口的完成線的中間

內口袋　4
（反面）

將另一個內口袋也對齊另一側

Point
塑膠布從正面車縫，針趾會比較漂亮、整齊。

將袋口反摺到完成線，從正面車縫。
0.5

做法

1. 製作 2 個內口袋。

斜布條
0.1
處理口袋開口

（反面）
（正面）　0.3
袋底．對摺　往上對摺至完成線，車縫兩側邊。

兩側邊以斜布條包邊

口袋（前側）　後側
袋底　1 公分左右　摺到後側，車縫固定。

完成囉！

4. 翻回正面，安裝好雞眼釦，穿入繩子後打結，當作提把。

28　25　10

點點塑膠手提袋

成品圖見P.9

實物大紙型 1 面〔4〕
〈1-袋身〉

材料
• 大圓點塑膠布：55×10 公分
• 小圓點塑膠布：65×30 公分

★在實物大紙型上面畫好拼接線，然後裁剪好。

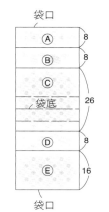

袋口
Ⓐ 8
Ⓑ 8
Ⓒ
袋底 26
Ⓓ 8
Ⓔ 16
袋口

排版方式

（大圓點）

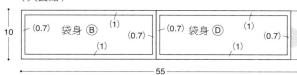

10

(0.7) 袋身 Ⓑ (1) (0.7) 袋身 Ⓓ (1)
(0.7) (0.7)
(1) (1)

55

＊無布紋
＊（ ）內的數字是指縫份

（小圓點）

＊實物大紙型中未包含提把，自行剪裁 3×32 公分的塑膠布。

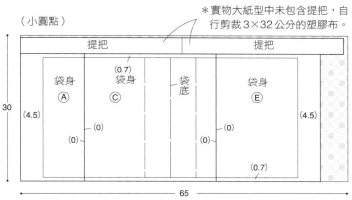

30

提把 提把

袋身 Ⓐ (0.7) 袋身 Ⓒ 袋底 袋身 Ⓔ
(4.5) (0) (0) (0) (4.5)
(0) (0) (0.7)

65

做法

1. 將每塊塑膠布接縫好。

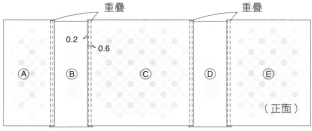

重疊 重疊
0.2 0.6
Ⓐ Ⓑ Ⓒ Ⓓ Ⓔ
（正面）

2. 將布對摺，正面對正面，袋底部分往上摺，兩側邊車縫。

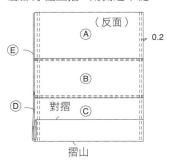

（反面）
Ⓐ 0.2
Ⓔ
Ⓑ
Ⓓ 對摺 Ⓒ
摺山

3. 將袋口反摺到完成線，從正面車縫。

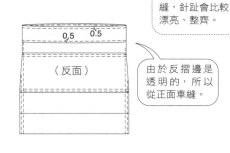

0.5 0.5
（反面）

- - - Point - - -
塑膠布從正面車縫，針趾會比較漂亮、整齊。

由於反摺邊是透明的，所以從正面車縫。

4. 製作提把。

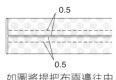

0.5
0.5

如圖將提把布兩邊往中間線摺疊，然後車縫，一共製作 2 條提把。

★翻至P.56

★接P.55

5. 將提把車縫在袋身上,
   翻回正面。

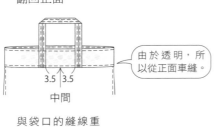

由於透明,所
以從正面車縫。

3.5 3.5

中間

與袋口的縫線重
疊車縫,另一邊
車法相同。

完成囉!

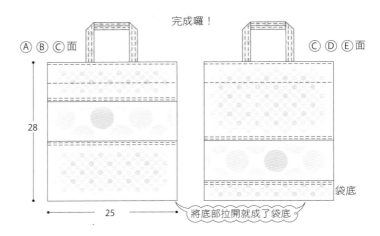

Ⓐ Ⓑ Ⓒ面

Ⓒ Ⓓ Ⓔ面

28

25

袋底

將底部拉開就成了袋底

花朵圖案隨身購物袋

成品圖見P.29

實物大紙型 2 面〔18〕
〈1-袋身、2-貼邊、3-
收納袋〉

材料
• 尼龍布:120×80 公分
• 五爪釦(直徑 1 公分):1 組

排版方式

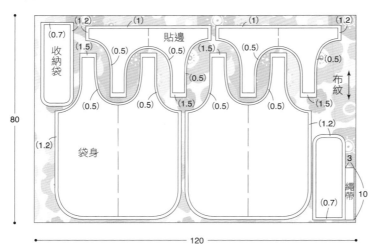

(1.2) (1) (1) (1.2)
(0.7)
收納袋
(1.5) (0.5) (0.5) (1.5) (0.5) (0.5)
(0.5)
布紋
(0.5) (0.5) (1.5) (0.5) (0.5)
(1.5)
(1.2)
80
(1.2) 袋身
3
繩帶
10
(0.7)
120

＊實物大紙型中未包含繩帶部分
＊( )內的數字是指縫份

做法

1. 將袋口(提手)各別與貼邊車縫。

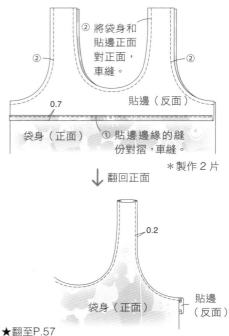

② 將袋身和
貼邊正面
對正面,
車縫。

②

貼邊(反面)

0.7

袋身(正面)

① 貼邊邊緣的縫
份對摺,車縫。

＊製作 2 片

↓翻回正面

0.2

袋身(正面)

貼邊
(反面)

★翻至P.57

2. 以袋縫方法車縫袋子（收尾可參照P.58 蔬菜圖案隨身購物袋的做法 2.）。

完成囉！

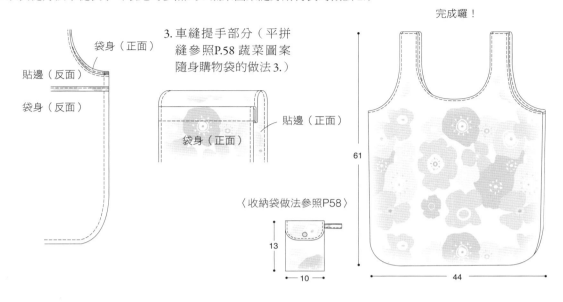

3. 車縫提手部分（平拼縫參照P.58 蔬菜圖案隨身購物袋的做法 3.）

袋身（正面）

貼邊（反面）

袋身（反面）

貼邊（正面）

袋身（正面）

〈收納袋做法參照P58〉

13

10

61

44

蔬菜圖案隨身購物袋

成品圖見P.28

實物大紙型 2 面〔17〕
〈1-袋身、2-收納袋〉

材料
● 尼龍布：110×60 公分
● 尼龍斜布條（10 公釐）：100 公分
● 五爪釦（直徑 1 公分）：1 組

排版方式

＊（ ）內的數字是指縫份

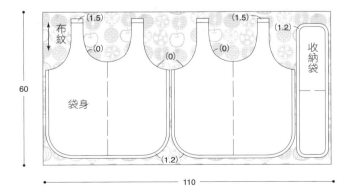

布紋

(1.5)　(0)　(0)　(1.5)　(1.2)

60

袋身

收納袋

(1.2)

110

做法

1. 將袋口（提手）分別以斜布條做好包邊處理。

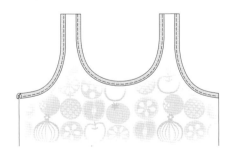

2. 車縫口袋。

3. 車縫提手部分。

以袋縫收尾

縫份隱藏起來了

將一邊的縫份剪掉

縫份先對摺，然後把完整縫份摺入被剪掉的縫份裡。

（正面）

（反面）

0.7

（正面）

（反面）

0.4

翻到反面

（正面）

（反面）

0.7

（反面）

正面對正面

維持摺入的狀態攤平，從正面車縫。

（反面）

（反面）

將2片布反面對反面

完成囉！

0.7

（正面）

平拼縫

52

44

10

10

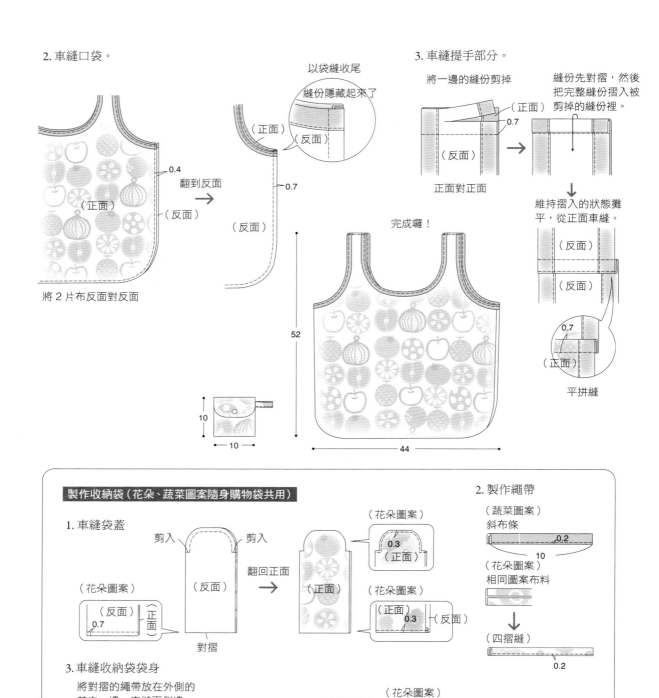

製作收納袋（花朵、蔬菜圖案隨身購物袋共用）

2. 製作繩帶

1. 車縫袋蓋

剪入

剪入

（花朵圖案）

（蔬菜圖案）

斜布條

0.2

（花朵圖案）

（反面）

翻回正面

（正面）

0.3

（正面）

10

（花朵圖案）

相同圖案布料

（花朵圖案）

（反面）

（正面）

0.7

對摺

（正面）

0.3

（反面）

（四摺縫）

0.2

3. 車縫收納袋袋身

將對摺的繩帶放在外側的其中一邊，車縫兩側邊。

1

翻到反面

0.7

繩帶（外側）

0.4

對摺

（內側）

以袋縫收尾

翻回正面

（蔬菜圖案）

（花朵圖案）

參照P.44 安裝五爪釦

手提水壺袋

成品圖見P.9

實物大紙型 1 面〔5〕
〈1-袋身〉

材料
- 塑膠布：60×250 公分
- 五爪釦（直徑 1.1 公分）：1 組

排版方式

＊無布紋

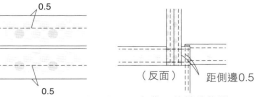

5 提把 32 （0） （0.7）
25
（3.5） 袋身 （3.5）
（0.7）
60

＊實物大紙型中未包含提把部分
＊（ ）內的數字是指縫份

做法

1. 袋口對摺後車縫。

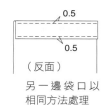

0.5
0.5
（反面）

另一邊袋口以
相同方法處理

2. 將布對摺，正面對
正面，袋底部分往
上摺，兩側邊車縫。

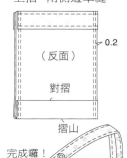

0.2
（反面）
對摺
摺山

3. 製作提把。

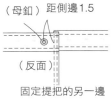

0.5
0.5

如圖將提把布兩邊往中
間線摺疊，然後車縫。

4. 將提把固定在袋身上。

（反面） 距側邊0.5

在袋口的縫線位置
上重疊車縫

5. 參照P.44 安裝五爪釦。

（母釦）距側邊1.5

（反面）

固定提把的另一邊

2 （公釦）

提把外側

完成囉！

21
14 7

休閒風野餐墊

成品圖見P.10

實物大紙型 1 面〔6〕
〈1-收納袋、2-彎弧〉

材料
- 尼龍牛津布：120×80 公分
- 織帶（2 公分寬）：350 公分
- 雞眼釦：4 組
- 五爪釦（直徑 1 公分）：1 組

排版方式

＊（ ）內的數字是指縫份，如無
明確標示，則縫份皆為1公分。

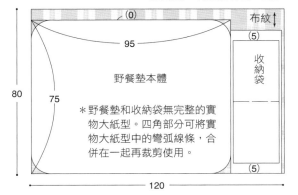

（0） 布紋
（5）
95
收
野餐墊本體 納
80 袋
75
＊野餐墊和收納袋無完整的實
物大紙型。四角部分可將實
物大紙型中的彎弧線條，合
併在一起再裁剪使用。
（5）
120

做法

1. 將布對摺，正面對正面，兩側
邊車縫，縫份旁再車一條縫線。
2. 翻回正面，袋口反摺到完成線，
車縫。
3. 安裝五爪釦。

0.3
（反面）
對摺

★翻至P.60

完成囉！

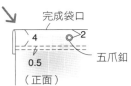

完成袋口
4 2
0.5 五爪釦
（正面）

★接P.59

做法（野餐墊）

1. 參照P.40，以織帶在布邊做好包邊處理。
2. 參照P.44，安裝雞眼釦。

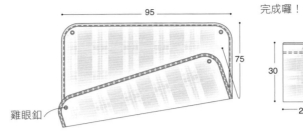

完成囉！

雞眼釦

野餐籃布罩

籐籃布罩

野餐籃布罩與籐籃布罩

成品圖見P.10、P.12

材料

〈野餐籃布罩〉
• 尼龍布：40×40 公分
• 織帶（2 公分寬）：40 公分
• 細帶（0.8 公分寬）：80 公分 2 條

〈籐籃布罩〉
• 尼龍布：40×40 公分
• 斜布條（11 公釐寬）：55 公分
• 細皮帶（0.5 公分寬）：90 公分 2 條

裁剪方法

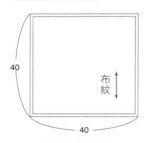

40

40

布紋

＊無實物大紙型
＊縫份為 1 公分

做法

1. 布邊三摺後車縫（三摺縫）。

0.5
0.5　0.1
（反面）
斷面圖

2. 在正面車縫織帶

織帶（正面）

織帶兩端摺起 1 公分

斜布條攤開使用

（P.12 籐籃布罩）

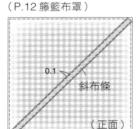

0.1
斜布條
（正面）

（P.10 野餐籃布罩）

0.1
織帶
（正面）

完成囉！
（P.12 籐籃布罩）

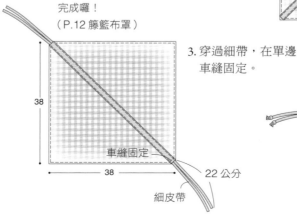

38

車縫固定

38

22 公分

細皮帶

3. 穿過細帶，在單邊車縫固定。

完成囉！
（P.10 野餐籃布罩）

20 公分
車縫固定
細帶
打結

38

38

圓底水壺袋

成品圖見P.12

實物大紙型 1 面〔7〕
〈1-袋身、2- 袋底〉

材料
- 尼龍布：40×30 公分
- 菱格紋尼龍牛津布：10×10 公分
- 塑膠圓孔擋珠：1 個
- 袋口用抽繩（直徑 0.4 公分）：40 公分
- 斜布條（12.7 公釐）：30 公分（兩褶）

排版方式

尼龍布

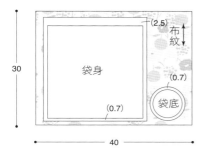

袋身

30

布紋

(2.5)

(0.7)

(0.7)

40

*（ ）內的數字是指縫
份，如無明確標示，
則縫份皆為 1 公分。

尼龍牛津布

(0.7)
袋底

10

10

做法

車縫止點

對摺

（反面）

1. 將布對摺，正面對正
面，車縫到車縫止點。

2. 參照P.53 水壺袋的做
法 3. 和 4.，車縫穿繩
口，將車縫止點以下
的 2 片縫份重疊，再
車一條縫線。

3. 縫合袋身和袋底，翻回正面。

將 2 片袋底反面對
反面，車縫邊緣。

尼龍布
菱格紋
（反面）
車縫固定

袋身（反面）

袋底
尼龍布（正面）

（反面）

（正面）

參照P.49 的⑤和
⑥，用斜布條包
邊處理。

4. 參照P53 水壺袋的做
法 6.，袋口以三摺縫
車縫。

5. 將繩子穿過，放入圓
孔擋珠後打結。

完成囉！

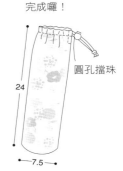

24

7.5

圓孔擋珠

★接P.67 文件收納袋

排版方法

*無實物大紙型
*（ ）內的數字是指縫份

尼龍布

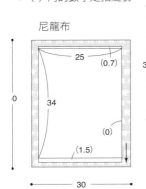

25
(0.7)

34

(0)

(1.5)

0

30

塑膠布

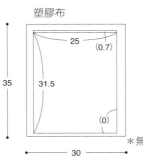

25
(0.7)

35

31.5

(0)

30

*如果印花圖案沒有方
向，反方向布紋亦可。

拉鍊從下止墊位置對
齊後安裝，車縫兩側
邊，剪掉多餘的部分。

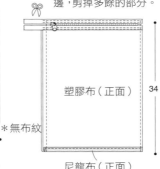

塑膠布（正面）

*無布紋

尼龍布（正面）

做法 和P.67 無敵萬
用小袋相同

完成囉！

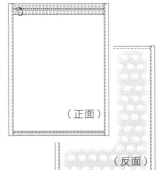

34

（正面）

（反面）

25

長傘傘套

成品圖見P.18

實物大紙型 1 面〔11〕
〈 1- 袋身 〉

材料
- 尼龍布：100×20 公分
- 塑膠圓孔擋珠：1 個

排版方式

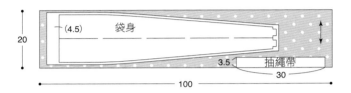

20
(4.5) 袋身
3.5 抽繩帶
30
100

*實物大紙型中未包含抽繩帶
*（）內的數字是指縫份，如無明確標示，
則縫份皆為 1 公分。

★也可以購買市售的抽繩帶，尺寸為
90×20 公分。

做法

1. 將布對摺，正面對正面，車縫止點
   以下、底部都要車縫。
2. 參照 P.45 的⑥，將車縫止點上方的
   縫份撥開（平縫份），在抽繩口車
   好縫線（U 字型）。
3. 參照 P.45 的⑦，將車縫止點以下的
   2 片縫份重疊，再車一條縫線。

車縫止點
對摺
（反面）

4. 將側邊和底部壓合在一起（側邊攤
   平），抓好底後車縫。

側邊
（反面）
→
側邊
（反面）
①
底部
①車縫
②車縫

5. 翻回正面，將傘套
   口以三摺縫車縫。

2
3.5
1
0.1
（反面）

6. 製作抽繩帶。

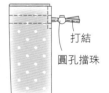

3.5
（反面）
→
（正面）
↓
（正面）
0.1

7. 將抽繩帶穿入，放入圓孔
   擋珠後打結。

打結
圓孔擋珠

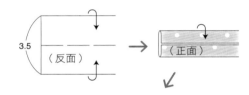

73
完成囉！
2 2

連帽防雨斗篷

成品圖見P.22

實物大紙型 2 面〔15〕
〈1-本體〉

材料
- 尼龍布：寬 120×110 公分
- 塑膠圓孔擋珠：1 個

排版方式

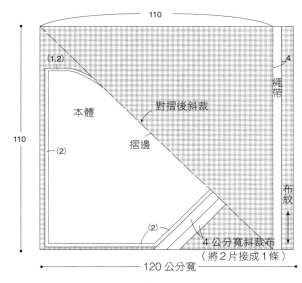

- 110
- (1.2)
- 本體
- 對摺後斜裁
- 摺邊
- 110
- (2)
- 繩帶
- 4
- 布紋
- (2)
- 4 公分寬斜裁布
- （將 2 片接成 1 條）
- 120 公分寬

〈剪裁方法〉
1. 裁剪 110×110 公分。
2. 裁剪繩帶。
3. 布料斜斜對摺，放在紙型上，裁好本體（斗篷）和斜紋布。

＊繩帶和斜紋布無紙型
＊（）內的數字是指縫份

做法

1. 車縫帽子。

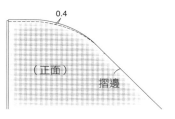

- 0.4
- （正面）
- 摺邊

↓

參照P.58的做法 2.，以袋縫收尾。

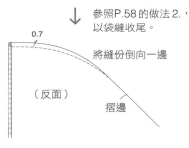

- 0.7
- 將縫份倒向一邊
- （反面）
- 摺邊

2. 邊緣以三摺縫車縫。

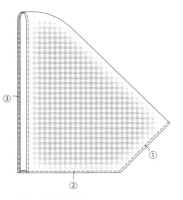

- ③
- ①
- ②

3. 車縫固定斜紋布，使整條繩帶可以穿入。

對摺
- 1
- 斜裁布
- 1
- （正面）

縫份如上圖摺入後熨燙

↓

- 0.1 斜裁布（正面） 0.1
- 前端
- 兩端摺入 1 公分
- 斗篷本體（反面）

縫在斜裁布固定位置

從一端穿繩口穿入，穿出後兩端對齊，放入圓孔擋珠，打結。

4. 製作繩帶後穿入。

- （正面）
- →
- 0.1～0.2 車縫

繩帶布如圖摺入（反面對反面），再對摺（正面對正面）。

完成囉！

- 88
- 80

後背包

成品圖見P.16

實物大紙型 1 面〔9〕
〈1-包正面、2-包側面、
3-口袋〉

材料
- 貼合布：110×60 公分
- 菱格紋尼龍牛津布：50×30 公分
- 樹脂拉鍊：30 公分 1 條
- 壓克力織帶（2.5 公分寬）：250 公分
- D環（2.5 公分）：1 個
- 日型環（2.5 公分）：2 個
- 斜布條（12.7 公釐）：230 公分（兩褶）

排版方式

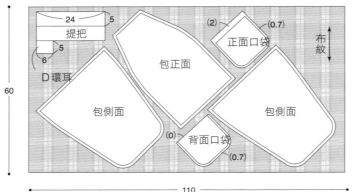

貼合布

24　5
提把
5
6
D 環耳
60
包正面
（2）　（0.7）
正面口袋
布紋
包側面
包側面
（0）　背面口袋
（0.7）
110

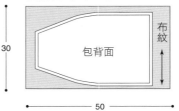

菱格紋尼龍牛津布

包背面
30
布紋
50

＊實物大紙型中未包含提把、D
環耳。
＊（ ）內的數字是指縫份，如無
明確標示，則縫份皆為1公分。

做法

1. 將包側面袋口反摺至完成線，
   疊放好拉鍊後車縫。

（斷面圖）

0.5
0.2　0.3
包側面（正面）
包側面（正面）

2. 製作口袋，車縫固定在後
   背包正面。

4　4
1
背面口袋
（反面）
正面口袋
預留翻口，（正面）
車縫好口袋。

將縫份倒向口
袋的袋口
背面口袋
（反面）
對齊正面口袋、
背面口袋的袋底，
車縫邊緣。

1
0.1
背面口袋
（正面）
翻回正面後車縫袋
口，再車縫翻口。

口袋
（正面）
0.3
後背包正面
將口袋車縫固定在
後背包的正面

3. 縫合包正面和包背面。

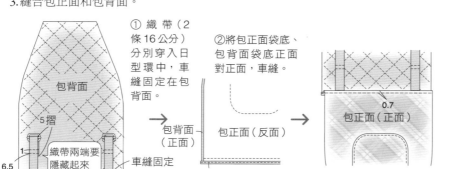

包背面
5摺
1
6.5
織帶兩端要
隱藏起來
車縫固定

① 織帶（2
條16公分）
分別穿入日
型環中，車
縫固定在包
背面。

②將包正面袋底、
包背面袋底正面
對正面，車縫。

包背面
（正面）
包正面（反面）

參照P.41，以斜布條
在布邊做好包邊處理。

包正面（正面）
0.7

③將縫份倒向包正面
這一邊，從正面車縫。

4. 接縫包正面、包背面和包側面。

拉鍊拉開

車縫至完成線

包側面（反面）

包背面（正面）

包正面（反面）

參照P.41，以斜布條在布邊做好包邊處理。

（反面）

翻回正面，固定縫份。

包側面（正面）

包背面（正面）

5. 製作提把和D環耳。

將兩端摺入，反面對反面。

（反面）

0.2

（正面）

〈提把〉再對摺一次

兩端剩4公分　重疊縫線後車縫

〈D環耳〉D環

對摺

0.7

穿過D環後車縫

6. 固定提把和D環。

1　1

翻回正面

將壓克力織帶（26公分）車縫成一圈

包側面（正面）

包正面（正面）

包側面（正面）

在下方車縫

0.2

插入壓克力織帶中，緊靠著背包的縫份。

提把

包側面（正面）

在上方邊緣車縫

包正面（正面）

包背面以同樣的方法車縫另一條提把

7. 將壓克力織帶（背帶）以日型環→D環→日型環的順序穿過。

壓克力織帶（約145公分）

壓克力織帶的兩端

0.3

0.5

1.5

塗抹防綻線膠水

完成囉！

34

約25

22

印花拉鍊手提包

成品圖見P.26

實物大紙型 1 面〔10〕
〈1-包正面、2-包側面、
3-袋口布條〉

材料
- 尼龍布：115×60 公分
- 尼龍牛津布：110×10 公分
- 斜布條（12.7 公釐）：170 公分（兩褶）
- 樹脂拉鍊：30 公分 1 條

排版方式

＊（）內的數字是指縫份，如無明確標示，則縫份皆為 1 公分。

尼龍布（袋身）

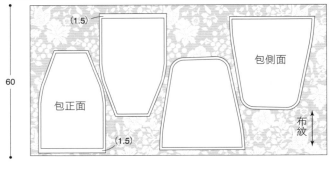

(1.5)

包側面

60

包正面

(1.5)

布紋

115

尼龍牛津布（提把、袋口布條）　袋口

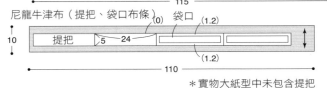

10

提把　(0)　(1.2)

5　24

(1.2)

110

＊實物大紙型中未包含提把

3. 參照P.65 的做法 4.，接縫包正面、包側面，以斜布條在邊緣做好包邊處理。
4. 參照P.65 的做法 5.，製作提把。
5. 將提把車縫在袋身上。

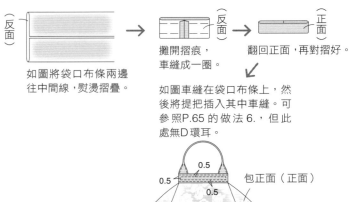

（反面）

如圖將袋口布條兩邊往中間線，熨燙摺疊。

攤開摺痕，車縫成一圈。

（反面）

翻回正面，再對摺好。

（正面）

如圖車縫在袋口布條上，然後將提把插入其中車縫。可參照P.65 的做法 6.，但此處無D環耳。

0.5
0.5
0.5
0.5

包正面（正面）

包正面（正面）

以同樣的方法車縫另一條提把

做法

1. 將包側面的袋口反摺至完成線，參照P.64 的做法 1.安裝拉鍊。
2. 將 2 片包正面的包底部對齊，車縫。

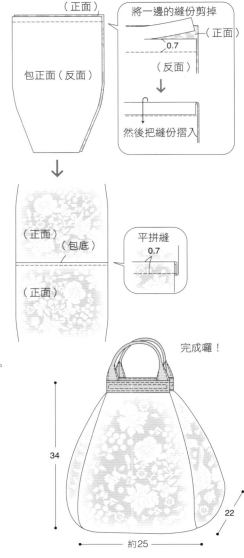

（正面）

將一邊的縫份剪掉

（正面）

0.7

（反面）

包正面（反面）

然後把縫份摺入

（正面）

（包底）

平拼縫

0.7

（正面）

完成囉！

34

22

約25

無敵萬用小袋

成品圖見P.30

材料
- 貼合布：25×20 公分
- 塑膠布：25×15 公分
- 金屬拉鍊：20 公分 1 條
- 斜布條（11 公釐）：30 公分
- 描圖紙

排版方式

＊無實物大紙型
＊（ ）內的數字是指縫份

貼合布

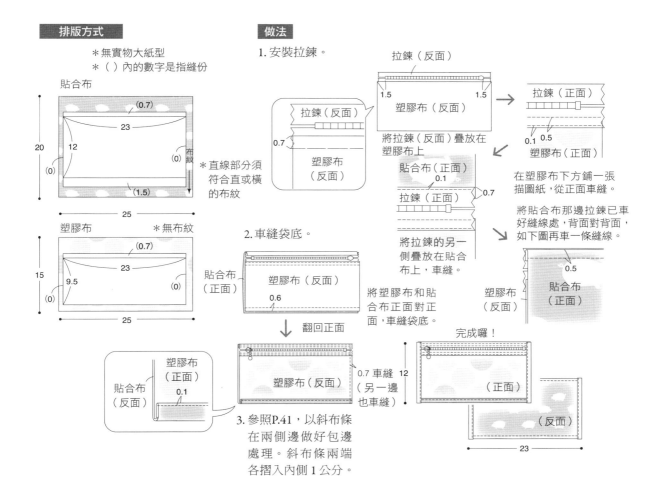

做法

1. 安裝拉鍊。

將拉鍊（反面）疊放在塑膠布上

將拉鍊的另一側疊放在貼合布上，車縫。

在塑膠布下方鋪一張描圖紙，從正面車縫。

將貼合布那邊拉鍊已車好縫線處，背面對背面，如下圖再車一條縫線。

2. 車縫袋底。

翻回正面

將塑膠布和貼合布正面對正面，車縫袋底。

完成囉！

0.7 車縫（另一邊也車縫）12

3. 參照P.41，以斜布條在兩側邊做好包邊處理。斜布條兩端各摺入內側 1 公分。

文件收納袋

成品圖見P.30

材料
- 尼龍布：30×40 公分
- 貼合布：30×35 公分
- 描圖紙
- 樹脂拉鍊：30 公分 1 條
- 斜布條（11 公釐）：80 公分

★做法接P.61

可掛式摺傘傘套

成品圖見P.20

實物大紙型 1 面〔12〕
〈1-袋身〉

材料
- 尼龍布：45×30 公分
- 橡膠圓繩：30 公分
- 塑膠圓孔擋珠：1 個

排版方式

＊實物大紙型中未包含提把
＊（ ）內的數字是指縫份，如無
明確標示，則縫份皆為 1 公分。

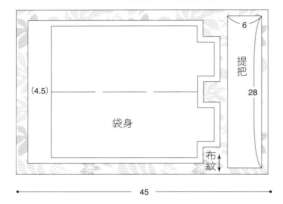

做法

1. 參照P.53 水壺袋的做法
   1.，車縫袋身的底部。
2. 將布對摺，正面對正面，
   車縫止點以下縫好。

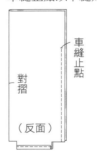

3. 參照P.45 的⑥，車縫抽繩口。
4. 參照P.45 的⑦，將車縫止點
   以下的 2 片縫份重疊，再車
   一條縫線。
5. 參照P.53 水壺袋的做法 5.，
   將側邊和底部壓合在一起
   （側邊攤平），抓好底後車
   縫，翻回正面。
6. 製作提把。

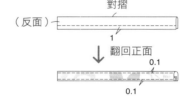

7. 固定提把。

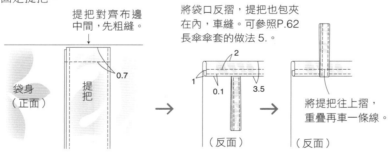

8. 穿入橡膠圓繩，繩口放入圓孔擋珠，打結。

手提式摺傘傘套

成品圖見P.21

實物大紙型 1 面〔13〕
〈1-袋身〉

材料
- 尼龍布：35×25 公分
- 織帶（2 公分寬）：32 公分

★翻至P.69

排版方式　＊（ ）內的數字是指縫份，如無明確標示，則縫份皆為1公分。

做法

1. 參照P.53 水壺袋的做法 1.，車縫袋身的底部。
2. 將布對摺，反面對反面，車縫止點以下縫好
3. 車縫傘套口側縫處。

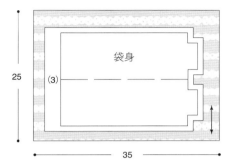

袋身

25

(3)

35

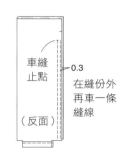

車縫止點

0.3
在縫份外再車一條縫線

（反面）

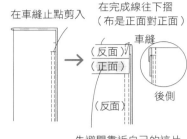

在車縫止點剪入

在完成線往下摺（布是正面對正面）

車縫

（反面）

（正面）

（反面）

後側

先避開靠近自己的這片

以相同方式車縫，翻回正面。

車縫止點

4. 參照P.53 水壺袋的做法 1.，車縫袋身的底部，翻回正面。
5. 袋口對摺後車縫。

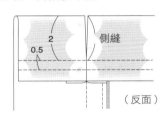

2

0.5

側縫

（反面）

6. 固定提把

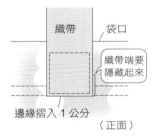

織帶

袋口

織帶端要隱藏起來

邊緣摺入 1 公分

（正面）

完成囉！

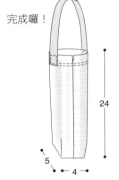

24

5

4

抽繩摺傘傘套

成品圖見P.21

實物大紙型 1 面〔14〕
〈1-袋身〉

材料
● 尼龍布：75×20 公分
● 繩帶（1 公分寬）：50 公分 2 條

排版方式

＊（ ）內的數字是指縫份，如無明確標示，則縫份皆為1公分。

20

(4.5)　袋身

(4.5)

布紋

75

做法

和P.53 水壺袋的做法相同，可參照其做法 1.～5. 製作。

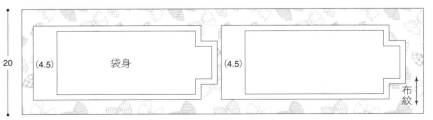

2

3.5

1

完成囉！

26

6

6

袋口參照P.62的做法 5.車縫，將繩帶穿入，打結。

可攜帶室內拖鞋

成品圖見P.31

實物大紙型 2 面〔19〕
〈1-腳背、2-腳底、
3-收納袋〉

材料（M尺寸1雙）

〈拖鞋〉
- 貼合布：90×30 公分
- 日本襯棉（針穿透性佳、作品形狀穩定）：50×20 公分
- 尼龍斜布條（10 公釐）：130 公分

〈收納袋〉
- 棉布：40×30 公分
- 繩子：35 公分
- 描圖紙

排版方式

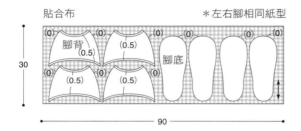

貼合布　　　　　　　　＊左右腳相同紙型
(0)　(0)　(0)　(0)　(0)　(0)
腳背
(0.5)　(0.5)
腳底
(0)　(0.5)　(0)　(0.5)
30
90

棉布
袋身 (1) (1)
(3)
(1)
30
40
＊（ ）內的數字是指縫份

襯棉　　＊無布紋
腳底 (0) (0)
20
50

做法

1. 車縫左右腳背。

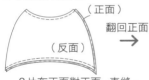

（正面）
（反面）
翻回正面 →
0.5
車縫
0.5
車縫兩側邊

2片布正面對正面，車縫。　換成塑膠壓布腳，在布下面墊一張描圖紙車縫。

2. 縫合腳背和腳底。

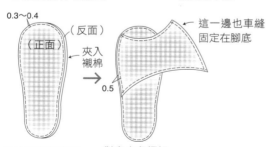

0.3～0.4
（反面）
（正面）
夾入襯棉 →
0.5
這一邊也車縫固定在腳底

2片腳底布背面對背面，中間夾入襯棉後車縫。（進行包邊動作前，都可以在布下方墊著描圖紙車縫）

對齊合印標記，將腳背兩側邊車縫固定在鞋底上。

參照P.41，以斜布條在邊緣做好包邊處理。

3. 車縫收納袋

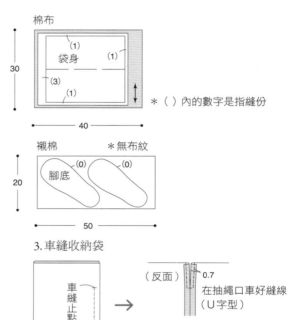

車縫止點
對摺
（反面）

將布對摺，正面對正面，從袋底車縫到車縫止點。

（反面）
0.7
在抽繩口車好縫線（U字型）

↓

將車縫止點以下的2片縫份重疊，再車一條縫線。

0.3

↓ 翻回正面

2
1　0.1
（反面）

袋口以三摺的方式車縫

↓

穿入繩子後打結

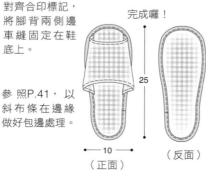

完成囉！

25
10
（正面）
（反面）

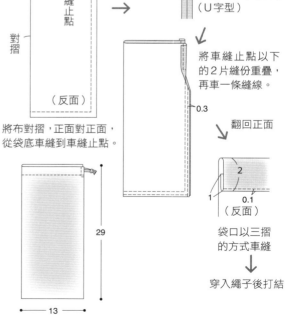

29
13

蕾絲午餐墊

成品圖見P.32

實物大紙型 2 面〔20〕
〈1-本體〉

材料
- 棉布：45×35 公分
- 蕾絲（1.3 公分寬）：50 公分
- 市售貼合布布墊：43×30 公分
- 尼龍斜布條（10 公釐）：130 公分

★貼合布布墊熨燙後會縮起，所以裁剪布墊和棉布時，可以稍微裁大一點，加工裝飾之後再裁剪成完成尺寸。

做法

1. 以接著劑將蕾絲黏在蕾絲位置上，也可以用車縫。

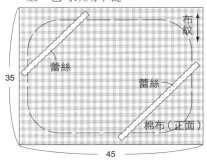

布紋

蕾絲

蕾絲

棉布（正面）

35

45

2. 蓋上貼合布布墊，以乾熨斗熨燙。

「乾熨斗操作須參照說明書」

完成囉！

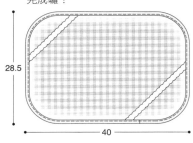

28.5

40

3. 將紙型鋪在熨燙完成的墊子上，裁剪好完成尺寸。

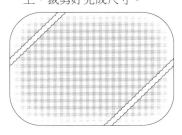

4. 參照P.41，以斜布條在邊緣做好包邊處理。
斜布條兩端接合處須靠緊下側。

水果與小花圖案午餐墊

成品圖見P.33

實物大紙型 2 面〔21〕
〈1-本體〉

材料（2 張）
- 貼合布：90×30 公分
- 尼龍斜布條（10 公釐）：260 公分

排版方式

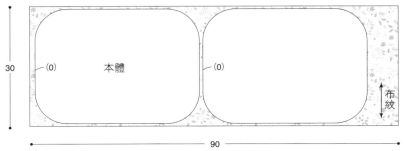

30

(0)　本體　　(0)

布紋

90

＊（ ）內的數字是指縫份

做法

參照P.41，以斜布條在所有邊緣做好包邊處理。
斜布條兩端接合處須靠緊下側。

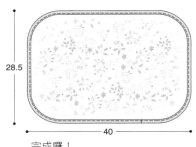

28.5

40

完成囉！

圍裙

成品圖見P.34

實物大紙型 2 面〔22〕
〈1-本體、2-口袋〉

材料
- 貼合布：90×70 公分
- 尼龍斜布條（10 公釐）：330 公分
- 雞眼釦 ：2 組
- 小的固定釦：2 組
- 繩帶（2 公分寬）：210 公分

排版方式

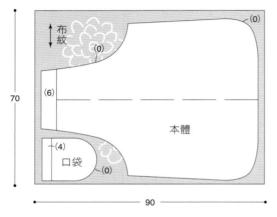

＊（ ）內的數字是指縫份
＊如果是直向的圖案，布紋則相
反（尺寸為 70×90 公分）。

做法

1. 將口袋縫在圍裙上。

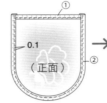

依照①、②的順序，
以斜布條在邊緣包邊。

本體（正面）
④口袋縫在圍裙上

參照P.43 的 ⑥，
以皮革用滾輪壓
摺完成線。如果要
熨燙，必須墊一塊
布，以中溫操作。

⑤在口袋兩側
安裝固定釦

2. 在圍裙（本體）上側，
以斜布條做好包邊處理

兩端摺入，車縫固定，
可參照P54 的做法 1.。

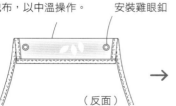

3. 將繩帶車縫在腰邊，並且以斜布條
於下側包邊。

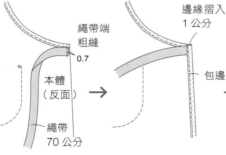

繩帶端粗縫
0.7
本體（反面）
繩帶 70 公分

邊緣摺入 1 公分
包邊

從正面縫線上
再次車縫固定

繩帶端
0.5
0.5
（反面）
三摺

4. 安裝雞眼釦，穿入繩帶。

①參照P.43 的 ⑥，以皮
革用滾輪壓摺完成線。
如果要熨燙，必須墊一
塊布，以中溫操作。

②參照P.44
安裝雞眼釦

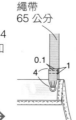

繩帶 65 公分

將繩帶穿過
一邊的雞眼
釦中，車縫
固定。

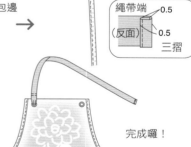

完成囉！

78

64

72

袖套

成品圖見P.35

實物大紙型 2 面〔23〕
〈1-本體〉

材料
• 尼龍布：100×40 公分
• 4 股（col）鬆緊帶：150 公分

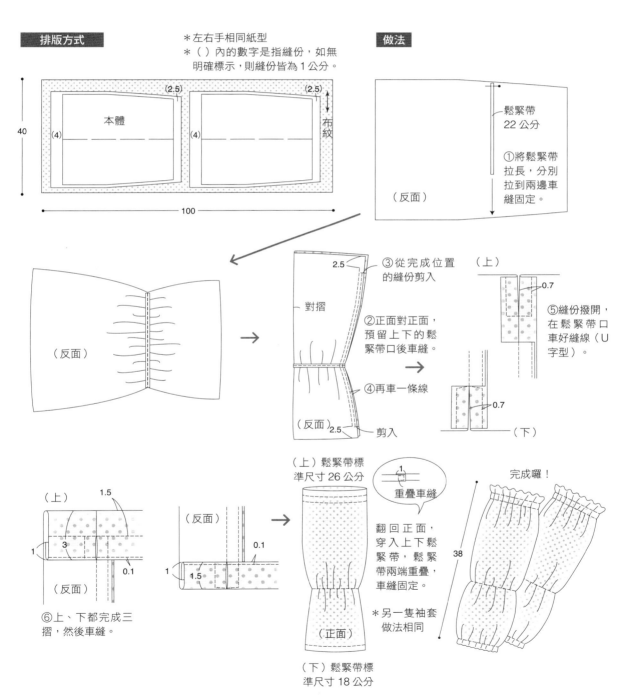

排版方式

＊左右手相同紙型
＊（ ）內的數字是指縫份，如無明確標示，則縫份皆為 1 公分。

40 / 100

本體 / 布紋

(2.5) / (4)

做法

鬆緊帶 22 公分

①將鬆緊帶拉長，分別拉到兩邊車縫固定。

（反面）

（反面）

2.5 / 對摺 / （反面）2.5 / 剪入

③從完成位置的縫份剪入

②正面對正面，預留上下的鬆緊帶口後車縫。

④再車一條線

（上） / 0.7 / （下） / 0.7

⑤縫份撥開，在鬆緊帶口車好縫線（U字型）。

（上） 1.5 / 3 / 1 / 0.1 / （反面）

⑥上、下都完成三摺，然後車縫。

（反面） / 0.1 / 1 / 1.5

（上）鬆緊帶標準尺寸 26 公分

（正面）

（下）鬆緊帶標準尺寸 18 公分

重疊車縫

翻回正面，穿入上下鬆緊帶，鬆緊帶兩端重疊，車縫固定。

＊另一隻袖套做法相同

完成囉！

38

Hands 系列

LifeStyle 系列

MAGIC 系列

MAGIC004　6 分鐘泡澡一瘦身——70 個配方，讓你更瘦、更健康美麗／楊錦華著 定價 280 元
MAGIC008　花小錢做個自然美人——天然面膜、護髮護膚、泡湯自己來／孫玉銘著 定價 199 元
MAGIC009　精油瘦身美顏魔法／李淳廉著 定價 230 元
MAGIC010　精油全家健康魔法——我的芳香家庭護照／李淳廉著 定價 230 元
MAGIC013　費莉莉的串珠魔法書——半寶石˙璀璨˙新奢華／費莉莉著 定價 380 元
MAGIC014　一個人輕鬆完成的 33 件禮物——點心˙雜貨˙包裝 DIY ／金一鳴、黃愷縈著 定價 280 元
MAGIC016　開店裝修省錢＆賺錢 123 招——成功打造金店面，老闆必修學分／唐芩著 定價 350 元
MAGIC017　新手養狗實用小百科——勝犬調教成功法則／蕭敦耀著 定價 199 元
MAGIC018　現在開始學瑜珈——青春，停駐在開始練瑜珈的那一天／湯永緒著 定價 280 元
MAGIC019　輕鬆打造！中古屋變新屋——絕對成功的買屋、裝修、設計要點＆實例／唐芩著 定價 280 元
MAGIC021　青花魚教練教你打造王字腹肌——型男必備專業健身書／崔誠兆著 定價 380 元
MAGIC022　我的 30 天減重日記本 30 Days Diet Diary ／美好生活實踐小組編著 定價 120 元
MAGIC024　10 分鐘睡衣瘦身操——名模教你打造輕盈 S 曲線／艾咪著 定價 320 元
MAGIC025　5 分鐘起床拉筋伸展操——最新 NEAT 瘦身概念＋增強代謝＋廢物排出／艾咪著 定價 330 元
MAGIC026　家。設計——空間魔法師不藏私裝潢密技大公開／趙喜善著 定價 420 元
MAGIC027　愛書成家——書的收藏 × 家飾／達米安 ‧ 湯普森著 定價 320 元
MAGIC028　實用繩結小百科——700 個步驟圖，日常生活、戶外休閒、急救繩技現學現用／羽根田治著定價 220 元
MAGIC029　我的 90 天減重日記本 90 Days Diet Diary ／美好生活十實踐小組編著 定價 150 元
MAGIC030　怦然心動的家中一角——工作桌、創作空間與書房的好感布置／凱洛琳˙克利夫頓摩格著 定價 360 元
MAGIC031　超完美！日本人氣美甲圖鑑——最新光療指甲圖案 634 款／辰巳出版株式 社編集部美甲小組 定價 360 元
MAGIC032　我的 30 天減重日記本（更新版）30 Days Diet Diary ／美好生活實踐小組編著 定價 120 元
MAGIC033　打造北歐風家感生活，OK ！——自然、簡約、實用的設計巧思／蘇珊娜˙文朵、莉卡˙康丁哥斯基 i 著 定價 380 元
MAGIC034　生活如此美好——法國教我慢慢來／海莉葉塔˙希爾德著 定價 380 元
MAGIC035　跟著大叔練身體——1 週動 3 次、免戒酒照聚餐，讓年輕人也想知道的身材養成術／金元坤著 定價 320 元
MAGIC036　一次搞懂全球流行居家設計風格 Living Design of the World —— 111 位最具代表性設計師、160 個最受矚目經典品牌，
　　　　　　以及名家眼中的設計美學／ CASA LIVING 編輯部 定價 380 元

EasyTour 系列

EasyTour008　東京恰拉——就是這些小玩意陪我長大／葉立莘著 定價 299 元
EasyTour016　無料北海道——不花錢泡溫泉、吃好料、賞美景／王水著 定價 299 元
EasyTour017　東京！流行——六本木、汐留等最新 20 城完整版／希沙良著 定價 299 元
EasyTour019　狠愛土耳其——地中海最後秘境／林婷婷、馮輝浩著 定價 350 元
EasyTour023　達人帶你遊香港——亞紀的私房手繪遊記／中港亞紀著 定價 250 元
EasyTour024　金磚印度 India —— 12 大都會商務＆休閒遊／麥慕貞著 定價 380 元
EasyTour027　香港 HONGKONG ——好吃、好買，最好玩／王郁婷、吳永娟著 定價 299 元
EasyTour028　首爾 Seoul ——好吃、好買，最好玩／陳雨汝 定價 320 元
EasyTour029　環遊世界聖經／崔大潤、沈泰烈著 定價 680 元
EasyTour030　韓國打工度假——從申辦、住宿到當地找工作、遊玩的第一手資訊／曾莉婷、卓曉君著 定價 320 元
EasyTour031　新加坡 Singapore 好逛、好吃，最好買——風格咖啡廳、餐廳、特色小店尋味漫遊／諾依著 定價 299 元

Free 系列

Free001　貓空喫茶趣——優游茶館 ‧ 探訪美景／黃麗如著 定價 149 元
Free002　北海岸海鮮之旅——呷海味 ‧ 遊海濱／李旻著 定價 199 元
Free004　情侶溫泉—— 40 家浪漫情人池＆精緻湯屋／林惠美著 定價 148 元
Free005　夜店—— Lounge bar ‧ Pub ‧ Club ／劉文紋等著 定價 149 元
Free006　懷舊——復古餐廳 ‧ 酒吧、柑仔店／劉文紋等著 定價 149 元
Free007　情定 MOTEL ——最 HOT 精品旅館／劉文紋等著 定價 149 元
Free012　宜蘭 YILAN ——永保新鮮的 100 個超人氣景點 +50 家掛保證民宿 +120 處美食名攤／彭思圓著 定價 250 元
Free013　大台北自然步道 100 ／黃育智 Tony 著 定價 320 元
Free014　桃竹苗自然步道 100 ／黃育智 Tony 著 定價 320 元
Free015　宜蘭自然步道 100 ／黃育智 Tony 著 定價 320 元
Free016　大台北自然步道 100(2) ——郊遊！想走就走／黃育智 Tony 著 定價 320 元

Hands 043

用撥水＆防水布
做提袋、雨具、野餐墊和日常用品

超簡單直線縫，新手 1 天也 OK 的四季防水生活雜貨

作者	水野佳子（Yoshiko Mizuno）
翻譯	陳文敏
美術完稿	黃祺芸
編輯	彭文怡
校對	連玉瑩
企畫統籌	李橘
總編輯	莫少閒
出版者	朱雀文化事業有限公司
地址	台北市基隆路二段 13-1 號 3 樓
電話	02-2345-3868
傳真	02-2345-3828
劃撥帳號	19234566 朱雀文化事業有限公司
e-mail	redbook@ms26.hinet.net
網址	http://redbook.com.tw
總經銷	大和書報圖書股份有限公司 （02）8990-2588
ISBN	978-986-6029-87-5
初版一刷	2015.06

定價	320 元
出版登記	北市業字第 1403 號

國家圖書館出版品預行編目

用撥水＆防水布做提袋、雨具、野餐墊和
日常用品：超簡單直線縫，新手 1 天也
OK 的四季防水生活雜貨
／水野佳子（Yoshiko Mizuno）著；
陳文敏譯.
-- 初版 . -- 臺北市：朱雀文化 , 2015.06
面；　公分 譯自：撥水素材でソーイング
ISBN 978-986-6029-87-5
1. 手工藝 2. 縫紉
426.7　　　　　　　　104006443

About 買書：
●朱雀文化圖書在北中南各書店及誠品、金石堂、何嘉仁等連鎖書店均有販
售，如欲購買本公司圖書，建議你直接詢問書店店員。如果書店已售完，請
撥本公司電話（02）2345-3868。
●●至朱雀文化網站購書（http://redbook.com.tw），可享 85 折起優惠。
●●●至郵局劃撥（戶名：朱雀文化事業有限公司，帳號 19234566），
掛號寄書不加郵資，4 本以下無折扣，5 ～ 9 本 95 折，10 本以上 9 折優惠。

Going out

house